KB177460

**일러두기** ·····················

▶ 책에 실린 정보를 어떻게 활용할 것인가는 독자의 판단에 달려있으며, 약물을 복용 중에 있는 사람은 반드시 담당 의사나 전문가의 상담을 먼저 구해야 한다.

▶ 본문의 체험사례는 사생활 보호를 위해 연락처는 기재하지 않았으며, 저자와 출판사는 이 책에 실린 정보 때문에 발생한 손실과 피해에 대해서는 책임이 없음을 밝힙니다.

·····························

# 오가피
## 내 몸을 살린다

김진용 지음

모아북스
MOABOOKS

저자 소개

**김진용**

저자는 충남대학교 행정대학원을 수료했으며, 30년간 국민은행 지점장과 KBS, MBC, 충주방송국에서 금융강의를 했으며, 현재는 원고집필 및 건강칼럼리스트로 활동하고 있다. 저서로는 『가시오가피 약보감』이 있다.

# 오가피 내 몸을 살린다

**1판 1쇄 발행** | 2009년 9월 10일

**지은이** | 김진용
**발행인** | 이용길

**발행처** | 모아북스
MOABOOKS
**영업** | 권계식
**관리** | 윤재현
**디자인** | 이룸

**출판등록번호** | 제 10-1857호
**등록일자** | 1999. 11. 15
**등록된 곳** | 경기도 고양시 일산구 백석동 1332-1 레이크하임 404호
**대표 전화** | 0505-627-9784
**팩스** | 031-902-5236
**홈페이지** | http://www.moabooks.com
**이메일** | moabooks@hanmail.net
**ISBN** | 978-89-90539-57-1  03570

이 책은 저작권법에 따라 보호를 받는 저작물이므로 무단전재와 무단복제를 금합니다.
이 책 내용의 전부 또는 일부를 이용하려면 반드시 모아북스의 서면동의를 받아야 합니다.

· 좋은 책은 좋은 독자가 만듭니다.
· 본 도서의 구성, 표현안을 오디오 및 영상물로 제작, 배포할 수 없습니다.
· 독자 여러분의 의견에 항상 귀를 기울이고 있습니다.
· 저자와의 협의 하에 인지를 붙이지 않습니다.
· 잘못 만들어진 책은 구입하신 서점이나 본사로 연락하시면 교환해 드립니다.

# 병든 나를 치료하는 건 의사가 아닌 나 자신의 올바른 선택이다

최근 우리의 평균수명은 80세를 넘어 100세를 향해 가고 있다. 다양한 생명과학 분야의 발전, 더 획기적인 질병 치료법, 그리고 건강증진을 위한 여러 노력들이 수명연장의 꿈을 이루는 바탕이 되었다.

그러나 이렇게 수명연장의 이면에 꼭 생각해봐야 할 문제가 하나 있다. 진짜 중요한 것은 오래 사는 것이 아니라 '건강하게 오래 사는 것'이라는 점이다. 아무리 살날이 많이 남았다 한들 그 시간을 질병 속에서 고통스럽게 보낸다면 과연 그것이 축복받은 삶일까?

최근 기능성식품들이 일상적인 건강보조제로 각광받으며 널리 이용되기 시작한 것도 이런 이유에서다. 무조건 오래 사는 것보다는 건강한 삶을 오래 유지하는 것이 중요하고, 평소의 생활습관을 잘 유지하는 동시에 질병과 노화를 막아줄 보조적 도움이 중요하다는 이론이 광범위한 공감을 얻고 있는 것이다.

사실상 수명이 연장되면서 우리가 경험하는 질병들도 다양해졌다. 현재 사망 원인 1위를 차지하고 있는 암은 물론이거니와 그 외에 대표적인 현대병인 고혈압, 뇌혈관 질환 등은 물론 당뇨와 만성 간질환 같은 생활습관 병이 여전히 우리의 건강한 삶을 위협하고 있다.

이런 질병들이 무서운 것은 감기나 바이러스 질환처럼 단번에 걸려 단번에 치료되는 것이 아니라, 평생에 걸쳐 서서히 진행되어 만성으로 발전하고, 더 나아가 치료 중에도 상당한 고통을 겪어야 한다는 점이다.

그런 면에서 현대의 질병은 소리 없이 다가오는 무서운 침입자이며, 따라서 평소의 건강관리와 함께 예방을 중시하는 것이 가장 중요하다.

그렇다면 '제2의 산삼'이라 불리는 오가피는 과연 이런 여러 질병들에 어떤 역할을 할까? 오가피는 하나의 가지에 다섯 개의 잎이 나서 오가피로 불린다. 한때 러시아 올림픽 대표 팀, 그리고 고도의 체력과 집중력을 요하는 우주비행사도 오가피를 섭취한다고 해서 크게 유명세를 탄 적이 있었는데, 사실 오가피는 러시아뿐만 아니라 예로부터 우리 선조들도 그 효능을 인정하며 유익하게 써왔던 약재이다.

예를 들어 동의보감에서는 오가피를 삼(蔘) 중에서도 으뜸이라 하여 '천삼(天蔘)'이라고 불렀고, 특히 오가피의 한 종류인 가시오가피는 면역력 증강 작용이 인삼이나 녹용보다 우수하다고 옛 문헌에 기록되어 있다.

특히 오가피는 간과 신장의 기운을 보하는 데 탁월한 효능을 발한다는 점에서 현대병의 근본적 원인인 노화의 방지에 결정적인 도움을 준다. 실제로 여러 실험에 의하면 오가피는 관절염, 노화방지, 수명연장, 혈당감소 등 현대병에도 탁월한 것으로 알려지고 있다.

또한 일반인의 임상실험결과에서도 면역력이 높아져 감기 환자가 40% 이상 감소했고, 항암치료의 방사선 부작용도 훨씬 줄어들었다고 한다.

그러나 아쉬운 것은 이처럼 놀라운 오가피의 효능이 아직 크게 대중적으로 알려지지 않았다는 점이다. 그저 '오가피는 약재로 사용하는 몸에 좋은 식물, 약재상에서나 볼 수 있는 귀한 약이다' 정도의 인식을 가진 이들이 대부분이다.

그러나 오가피 역시 얼마든지 일상에서 섭취가 가능하며, 그 안에서 다양한 건강의 혜택을 볼 수 있는 우리에게 가까운 약재이다. 이 책에서는 바로 일상 속의 오가피, 우리가 매일 만날 수 있는 오가피의 효능에 대해 상세하고도 흥미로운 정보를 제공하고자 한다.

- 가족들의 건강을 위해 오가피를 섭취해야 할지 알아보기 바라는 분들
- 오가피가 인체에 미치는 영향에 대해 알고 싶은 분들
- 오가피가 우리 질병에 미치는 효능에 대해 궁금하신 분들
- 일상적인 오가피 활용 방법을 알고 싶으신 분들
- 몸의 활력과 해독에 관심이 있으신 분들

이 모든 분들에게 이 책의 일독을 권한다.

# 차 례

# 1장  만병의 주범은 노화와 질병이다

건강하게 장수하는 것은 모든 사람들의 소원이다. 그리고 현대의학의 발전은 이 꿈을 어느 정도 가능하게 만들었다. 의료기술이 발전하면서 복잡한 병들을 퇴치하는 방법들이 생겨났을 뿐 아니라, 건강에 대한 염원도 한결 커졌다.

그러나 더 중요한 것은 양보다 질, 즉 오래 사는 것 이전에 건강하게 오래 사는 것이다. 나이가 들면 어쩔 수 없이 걸리는 질병, 정말로 어쩔 수 없는 일일까? 좀 더 건강하게 오래 살 수 있는 방법을 찾아볼 수는 없는 걸까?

지금부터 인간의 수명에 대한 이야기, 그리고 인간의 생명연장의 가장 중요한 열쇠인 노화와 질병에 대해 알아보도록 하겠다.

## 1) 우리는 얼마나 오래 살 수 있는가?

인간의 생명 연장의 꿈은 아주 오래전으로 거슬러 올라간다. 진시황은 불멸을 선사한다는 불로초에 집착하면서 그것을 찾는 데 인생 후반부를 바쳤다고 한다. 그러나 그도 어쩔 수 없이 평범한 사람처럼 때가 되자 저세상으로 떠났다.

현대의학의 발전은 진시황의 불로초처럼 불멸은 아니라도 인간의 수명을 획기적으로 연장시켰다. 최근 들어 80세를 넘은 노인 인구가 증가하고 있을 뿐 아니라, 앞으로 중요한 생명과학 실험들이 완성 단계에 이르면 더 많은 인구가 100세의 삶을 꿈꿀 수 있다고 한다.

성서에 등장하는 노아의 할아버지인 므두셀라는 무려 969세까지 살았던 것으로 전해진다. 그것이 사실일지 전설일지는 모르지만, 아무튼 그는 기록에 의하면 최고로 오래 살았던 최장수 인간이었다.

그러나 현대의학자들에 의하면 인간이 가장 오래 살 수 있는 생물학적 나이는 120세라고 한다. 므두셀라에는 한참

못 미치는 나이이지만 100세를 한계점으로 생각하는 요즘 상황에서는 그야말로 이상에 가까운 나이다.

그렇다면 우리는 어째서 이 120세를 미처 마치지 못하고 일생을 마쳐야 하는 걸까? 물론 천재지변이나 사고 등 우리가 예상치 못한 위험들이 도사리고 있긴 하지만, 노화, 그리고 거기에 이어지는 질병 때문이라는 것이 모든 의학자들의 공통된 의견이다.

## 2) 우리는 왜 질병에 시달리고 있는가?

시간이 흐르면서 변하는 것은 세상뿐만이 아니다. 그 세상 속에서 살아가는 인간, 그리고 질병도 변한다. 한국인의 1960년대 주요 사망 원인들은 대개 결핵 등의 전염성 질환, 그리고 세균성 질환이었다. 지금에야 비교적 간단하게 치료할 수 있었지만, 의학기술이 발전하지 않았던 당시 이런 질병들은 빠른 속도로 발병해서 치료를 하지 않을 경우 금방 사망까지 이르렀다.

최근에 발표되는 사망원인 통계에 의하면 일반 사망의 대다수가 암이나 고혈압, 당뇨, 뇌혈관 질환, 심장질환 등 발병은 늦고 치료는 어려운 병들이다. 이 질병들은 바이러스로 인한 전염성 질환이 아닌 비전염성 질환에 속하며, 서서히 시간을 두고 병 요소들이 축적되어 발병하기 때문에 자각하기도 쉽지 않다. 또한 치료가 어려운 것은 물론 합병증까지 따라오는 무서운 질병들이다.

그렇다면 최근 들어 이런 질병들이 많이 발생하는 가장 큰 이유는 무엇일까?

그 이유는 최근 새로이 등장한 '생활습관병'이라는 이름에서 그 원인을 찾아볼 수 있다. 불과 20년 전만 해도 당뇨, 고혈압 등은 어른들에게 주로 나타나 성인병이라고 불렸다. 그러나 잘못된 식습관과 생활습관이 만연하면서 이제 어린아이들도 이 병으로부터 안전하지 않다는 점에서 생활습관병이라는 새로운 이름을 얻었다.

이는 우리나라 성인 중장년층 남자들의 생활습관과도 깊은 연관을 가진다. 막대한 스트레스를 받는 경쟁적인 회사 생활, 잦은 회식, 음주와 흡연 등이 중장년층의 돌연사 비중을 높였다는 것은 누구나 아는 사실이다. 이들은 처음에는 그 증상을 자각하지 못하다가 심각해진 다음에야 병원을 찾는다. 즉 오랜 습관 동안 쌓인 몸 안의 질병 주머니가 한꺼번에 폭발하는 것이다.

이처럼 현대사회는 질병이 몸을 침투한다기보다는, 생활 속에서 몸이 질병을 키워내는 구조로 되어 있다. 따라서 당장의 증상을 해결하기보다는 건강 자체를 증진시키는 방법을 근본적으로 알아봐야 한다.

그렇다면 이렇게 잘못된 생활 습관이 질병까지 이어지는 가장 큰 이유는 무엇인지 다음 장에서 좀 더 살펴보도록 하자.

## 한국인의 건강 나이는 몇 살일까?

2007년 기준 한국인의 평균수명은 남자 75세, 여자 82세로 선진국 수준인 79세와 비슷하다. 그러나 건강 수명은 다른 문제다.

질병에 걸리지 않고 사는 평균 건강 나이는 여성 69.6세

남성 67.4세로 30개 OECD 국가 중에 24위에 머물렀다.

　이는 평균 수명, 즉 생명은 길어졌지만 우리의 경우 선진국 사람들보다 아프고 질병에 걸리는 질 낮은 수명을 영위하고 있다는 의미이다.


### 3) 잘못된 생활습관이 노화를 촉진 한다

　우리 몸은 나이가 들수록 노화한다. 그것은 시간 속에서 어쩔 수 없이 벌어지는 일이다. 그러나 노화를 늦추고 건강하게 살 수 있는 방법은 분명히 존재한다.

　실제로 고대 로마의 평균 수명은 30세 정도에 불과했다고 한다. 그리고 지난 세기가 시작된 1900년 당시에는 선진국 사람들의 평균수명은 40~45세 사이였다. 그리고 그 40세에서 지금의 80세로 늘어나는 데 불과 100년도 걸리지 않았다. 이처럼 평균수명이 늘어날 수 있었던 가장 큰 이유는 의학기술의 발달, 위생과 영양 상태의 혁신 덕이다.

　이처럼 건강과 생명에 대한 지식과 도움이 늘어나면서, 가장 큰 주목을 받은 주제가 있다. 바로 노화현상이다. 현재까지 밝혀진 노화의 이유는 여러 가지인데, 첫째는 우리 몸의 호르몬 분비가 유발하는 자연 노화현상이고, 둘째 이유로 가장 중요하게 지적된 것은 과도한 활성산소다.

우리의 생명 유지에 중요한 역할을 하는 산소가 때로는 유해 산소로 돌변해 우리를 위협한다는 것이다.

그런데 중요한 것은 바로 이 활성산소의 주범이 독소라는 점이다. 우리 생명을 보전하는 중요한 먹거리가 우리 몸에 독소를 다량 쌓고 그것이 곧 활성산소를 유발하게 되는 것이다.

위에서 언급한 암이나 당뇨, 고혈압 등 또한 우리 몸에 이런 독소들이 차곡차곡 쌓여 활성산소를 만들고, 그것이 나중에 한꺼번에 터지는 경우라고 볼 수 있다. 다음은 활성산소와 독소가 생겨나는 다양한 원인들이다.

* 안전하지 않은 먹거리

우리가 사는 현대사회는 먹거리의 반란 시대라고 해도 과언이 아니다. 불과 몇 년 전, 그리고 지금도 계속되고 있는 중국의 독약과 같은 먹거리 수입에 일대 파동이 일어난 적이 있다. 그것은 더 이상 우리가 먹고 있는 음식들이 안전하지 않다는 사실을 일깨워 주었다.

비단 중국의 불량 먹거리가 아니라도 우리가 먹는 모든 음식들은 항생제, 화학첨가물, 방부제 등으로 오염되어 있다. 육류만 해도 돼지고기, 소고기, 닭고기 할 것 없이 사육할 때 먹이는 항생제, 성장 촉진제 등이 검출된다. 그런가 하면 해물도 중금속으로부터 안전하지 않다.

더 나아가 농약 검출치가 기준치를 훨씬 넘어서는 농산물, 음식점에서 재활용하는 반찬 등은 말 그대로 먹거리의 반란에 다름 아니다. 또한 마시는 물 역시 항상 안전하지만은 않다.

그리고 결국 이런 먹거리들에 포함된 화학첨가물, 농약 등의 독성 성분들은 우리 몸 안에 들어와 인체대사를 변화시키고 효소기능 장애, 영양결핍, 호르몬 이상 등을 유발해 노화를 촉진하게 된다.

\* 과식과 운동 부족

과거에는 음식 부족으로 인한 영양 결핍 상태에서 지나치게 많이 움직임으로써 일찍이 죽는 경우가 적지 않았다. 그러나 현대의 병은 반대로 너무 많이 먹고 너무 움직이지 않는 데서 온다. 인간의 식욕은 끝이 없어서 온갖 산해진미를 부담 없이 맛볼 수 있는 경제 상황에서 절식을 한다는 것이 결코 쉽지 않다. 그러다 보니 앞서 이야기한 안전하지 않은 먹거리를 과식하면서 몸 안에 독소와 활성산소가 차곡차곡 쌓이게 된다.

만일 건강한 상태라면 어느 정도 이 독소를 배설할 수 있지만, 이런 상태에서 운동까지 부족하고 건강하지 않은 상태가 오래 지속되어 왔다면 결과적으로 빠른 노화와 질병으로 이어지게 된다.

\* 과로의 습관화

최근 들어 돌연사가 40~50대 중년 남성을 노리고 있다.

우리 몸은 너무 오래 혹사할 경우 신호를 보내게 된다. 피로와 어깨결림이 눈의 통증, 두통 등이다. 그러나 커피처럼 카페인이 들어 있는 음료수를 마셔 이런 통증을 무시하고 계속 혹사를 할 경우, 피로가 누적되어 돌이킬 수 없는 상황을 만들어내게 된다. 이것은 단순히 노화에 불을 붙이는 것을 넘어 직접적인 사망원인이 된다.

특히 이렇게 피로한 생활은 간에 손상을 주는데, 간은 통증이 없어 위험 수위가 넘어야 아프다는 것을 알 수 있다. 따라서 적절한 업무 시간과 적절한 운동, 그리고 몸에서 신호가 올 때 쉬어줘야만 이 같은 질병을 방지할 수 있다.

## 신장과 간을 혹사시키는 현대생활

현대사회를 살아간다는 것은 항상 건강의 위협과 함께 살아간다는 것을 의미한다. 우리는 거의 하루도 빠짐없이 농약과 화학첨가물, 매연과 물 오염, 지나친 육식, 스트레스, 운동부족과 싸워야 한다.

이럴 때 가장 많이 손상을 당하는 장기가 바로 간과 신장이다. 하루에 신장을 지나가는 혈액량은 어마어마하고, 신장을 거쳐야 배설도 가능해진다.

특히 나쁜 독소들이 신장을 통해 걸러지는데 신장이 손상당할 경우 요독증에 걸릴 위험도 있다. 이것은 해독 역할을 하는 간도 마찬가지이다. 이때 오가피는 지쳐 있는 간과 신장에 도움을 주고 기능을 강화함으로써 우리 몸의 해독 능력을 높여준다.

\* 음주와 흡연

음주와 흡연은 몸 안에 활성산소와 여러 독소들을 만들어내는 직접적인 원인이다.

실제로 금연과 금주를 시행하면 근 10년 가까이 평균수명이 연장되는 효과를 볼 수 있다. 흡연은 단순히 몸 안의 노화뿐만 아니라 피부와 모발 등에도 절대적인 영향을 미치며, 음주 또한 활성산소와 독소를 몸 안에 축적하는 직접적 원인이니 최대한 음주와 흡연을 줄이거나 멈춰야 한다.

\* 환경 공해

아무리 식생활을 건전히 하고 운동을 하고, 금연금주를 실시해도 우리가 살고 있는 공간의 환경 공해까지 막을 수는 없다. 특히 도심에서 쉽게 마주치는 매연 등은 몸 안의 활성산소 발생의 직접적인 원인이다.

## 평생 건강의 핵심 키워드, 데톡스(Detox)

데톡스 요법이 각광을 받기 시작한 것은 최근이지만 사실상 이는 해독의 외래어로서, 우리 선조들 또한 여러모로 몸의 독소를 제거하는 해독 요법을 사용해 왔다.

우리는 매일 같이 일정한 독소를 몸에 쌓으면서 살아간다. 자동차의 배기가스, 담배 연기는 물론, 매일 마시는 물이나 음식에도 수은, 납, 잔류 농약 등의 유해물질이나 식품 첨가물이 섞여 있다. 뿐만 아니라 어쩔 수 없이 먹게 되는 알루미늄 캔 음식, 플라스틱 주방 용품,

패스트푸드까지 생활 곳곳에 위험 물질들이 산재해 있다.

문제는 이처럼 우리 몸으로 들어온 독소들의 경우 일정량은 몸이 스스로 정화하지만, 그 이상은 해독이 불가능해 에너지 대사를 낮추고 스트레스를 유발하며, 동시에 각종 질병의 원인이 된다는 점이다. 데톡스는 이러한 몸속 독소를 제거하는 체내 정화 방법을 말한다.

그렇다면 지금부터 우리 몸의 독소가 어떤 나쁜 영향을 미치고, 해독 이후 우리 몸은 어떻게 다시 태어나는지를 살펴보도록 하겠다.

체내에 독소가 많이 쌓이게 되면,

▶ 혈액이 끈끈해진다

독소가 축적되면 효소 기능이 저하되어 지방이나 단백질이 분해 되지 않고 혈액에 섞여 흐르게 된다. 이럴 경우 혈행이 나빠져 냉증, 피부노화, 요통 등이 생겨날 수 있다.

### ▶ 림프가 막혀 배설 기능이 저하된다

림프액이 좋아야 근육이 수축해 혈액도 힘차게 흐르고 노폐물도 체외로 배출한다. 그런데 림프가 막힐 경우 혈액순환이 나빠져 근육에 통증이 오는 것은 물론 부종이 발생하고 배설 능력이 떨어지게 된다.

### ▶ 변비가 발생한다

우리 변은 노폐물을 제거하는 일등공신이다. 그러나 미처 그 노폐물이 다 분해되지 못한 채 숙변으로 장에 남게 되면 유해가스나 독소를 발생한다.

또한 간장 기능이 저하되어 지방을 태우는 대사능력을 떨어져 살이 빠지기 어려운 체질이 되고 만다.

### ▶ 피부 노화가 심해진다

노화의 주범인 활성산소의 발생 원인도 바로 독소에 있다. 스트레스와 흡연, 식품첨가물 등으로 지나친 독소가 몸 안에 축적되면 활성산소가 대량으로 발생하면서 피부 손상이 일어난다.

이러한 독소들을 오가피 등을 통해 해독할 경우 우

리 몸은,

첫째, 순환기능이 좋아져 신진대사 능력이 높아진다. 이렇게 대사율이 높아지면 피하지방 연소율이 높아지기 때문에 살을 빼기 쉬운 체질이 될 수 있다.

둘째, 장이 깨끗해지면서 노화를 방지할 수 있다. 또한 소화작용까지 원활해져 변비가 사라지고 세포의 노화 방지에도 도움이 된다.

셋째, 혈액이 맑아져 순환이 잘 되면서 혈액순환 장애로 생겨난 어깨 결림, 냉증이나 근육통이 개선된다.

넷째, 몸의 피로와 부종도 사라진다. 체액 기능이 활성화되어 피로 물질이 잘 배설되기 때문이다.

다섯째, 스트레스를 줄일 수 있다. 해독 작용은 긴장을 풀어주는 효과가 있어 대사능력이 향상되고 마음까지 편안해진다.

다음 장에서는 현대인들의 현대병 치유와 관련해 그 효능이 새로이 재조명되고 있는 오가피에 대해 알아보도록 할 것이다.

오가피는 인삼이나 산삼과 같은 오가과의 관목이다. 오가피의 학명은 아칸토파낙스(Acanrhopanax)로 이는 만병을 치료하는 가시나무라는 뜻이다.

오가피 연구의 선구적 국가인 러시아에서는 꾸준히 오가피 연구가 이루어져 왔다. 그리고 오랜 연구 끝에 한 가지 결론을 내리게 되었다. '제2의 산삼' 즉, 생리작용 면에서 인삼보다 뛰어난 훌륭한 약재라는 것이다. 그런가 하면 북한의 과학자들 또한 오가피의 약효를 1928년의 페니실린 발견에 버금가는 혁명이라 칭한 바 있다.

최근 들어 현대의학은 의학기술만으로는 우리의 질병을 모두 고칠 수 없다는 한계를 드러내고 있다. 즉 질병 치료보다는 예방이 중요하며, 근원적 치료가 병행

되어야 한다는 이론이 서서히 대두되고 있다. 동시에 각종 생활습관병과 난치병에 효험이 있는 오가피가 신비의 약초로 그 이름을 알려가는 중이다.

이번 장에서는 100세 건강, 건강하게 장수하고 싶은 모든 이들에게 도움이 되는 오가피의 효능에 대해 상세하게 알아볼 것이다.

### 1) 만병을 다스리는 치유의 열쇠, 오가피

오가피는 이미 수천 년 전부터 그 효험을 인정받아온 유서 깊은 약재 중에 하나다. 특히 한방과 민간요법에서 많이 사용되다가 러시아의 본격적인 오가피 연구 이후 과학적 효능 또한 인정받게 되었다.

따라서 오가피의 오래된 효능들을 알기 위해서는 지금까지 전해져 오는 중요 약학서들의 내용들을 살펴볼 필요가 있다.

* 신농본초경에서 말하는 오가피

신농본초경은 약 2000년 전 360여 종의 한방약재를 다뤘던 체계적인 약학서로, 오가피를 효능이 아주 높은 귀한 약재로 분류하고, 오래 섭취하면 몸을 가볍게 만들어줄 뿐 아니라 늙지 않고 장수한다는 내용을 적고 있다. 또한 오가피에 대해 부작용이 전혀 없고, 따라서 장기간 섭취가 얼마든지 가능한 약재로 분류하고 있다.

* 본초강목에서 말하는 오가피

본초강목은 중국 명나라 시대의 명의 이시진이 쓴 한방의약서로서, 지금도 중국과 일본, 한국은 물론 세계에서 한의학을 공부하는 이들이라면 반드시 봐야 할 필수 교재이다. 이 책은 오가피가 산증(아랫배가 갑자기 아픈 병증)을 치료하고, 기운을 돋아주며, 다리에 힘이 없는 경우, 세 살 아이가 걷지 못할 경우 이를 치료할 수 있다고 적어두었다.

또한 남자들의 음위증이나 사타구니의 습진, 여자들의 음부소양증과 허리 통증, 두 다리가 아프고 쑤신 증상, 중풍으로 인해 팔다리가 비틀린 중풍증, 근육 어혈 등에도 도움이 될 뿐 아니라, 장기 복용하면 근육과 뼈를 튼튼하게 만들어 몸은 가볍고 정신은 맑아지며, 노화가 방지되어 주름살이 생기지 않는다고 썼다.

이외에도 오가피 술을 마시면 전신 통증과 경련을 치료하고, 가루로 만들어 술에 타서 마시면 사팔뜨기 치료에 효험이 있고, 잎을 나물로 먹으면 풍습으로 인한 피부병의 치료에 효험이 있다고 한다.

그런가 하면 "한줌의 오가피가 한 수레의 금옥보다 낫다"는 중국의 오래된 오가피 찬양도 오가피의 놀라운 효능을 말해주고 있다.

\* 동의보감에서 말하는 오가피

동의보감은 1613년에 허준이 쓴 의학서로서 현재 세계적인 가치를 인정받고 있다. 여기서 오가피는 약성이 따뜻하고 맛이 맵고 쓰도 독이 없다고 나와 있다.

근육과 뼈를 튼튼하게 하고 정신력을 강하게 만들며, 남성의 발기부전, 여자의 음부소양증을 다스리며, 허리뼈가 아프거나 양다리가 쑤실 때, 관절에 쥐가 나고, 하지무력증이 있을 경우 효과를 볼 수 있다고 적혀 있다.

또한 풍을 치료하고 허약한 몸을 보해주며, 오래 복용하면 몸이 가뿐해지고 노화를 방지한다고도 한다.

뿌리와 줄기로 술을 빚어 먹거나 끓여서 차 대신 마시면 좋다고도 쓰여 있다.

이처럼 오래된 고전의학서에서 등장하는 오가피는 각각의 효능들에서 상품, 즉 귀한 약재로 구분될 뿐만 아니라 질병치료는 물론 우리 몸의 부족한 부분들을 채워주고, 근본적으로 몸을 건강하게 만들어주는 약재로 구분되고 있다. 그렇다면 이런 오가피의 보다 상세한 효능들을 이어서 알아보도록 하자.

## 2) 오가피와 우리 몸의 관계

세계적으로 약효가 있는 오가피 생산국은 동양권 나라인 한국과 북한, 중국과 러시아다. 전 세계적으로 약 600종이 자라긴 하지만 그 중에 약효를 가진 오가피는 위의 네 나라에서만 자라는 것이다.

우리나라의 오가피는 가시오가피나무, 왕가시오가피나무, 민가시오가피 나무, 털 오가피, 섬오가피, 서울오가피 등 15여 종으로 자생하거나 재배하고 있다. 키는 약 2~3m 정도 자라는데 잎과 열매가 모두 인삼과 꼭 닮았다고 한다.

다만 인삼은 뿌리만 사용하는 데 반해 오가피는 뿌리뿐만 아니라 줄기와 잎도 약용으로 사용한다. 또한 인삼은 강한 햇살을 피해 자라는 반 음지식물이지만, 오가피는 쨍쨍한 햇살 아래서 자라는 양지식물이다.

오가피 연구의 본고장이라고 할 수 있는 러시아에서는 오랫동안 오가피 연구가 이루어져 왔다. 그 중에서 과학아카데미의 브레크만 박사 팀은 오가피 연구의 선구자라고 해도 과언이 아니다. 여기서 간단히 브레크만 박사 팀, 더 나아가 독일과 중국에서도 인정받은 오가피 효능을 살펴보도록 하자.

## 오가피의 효능 사이클

체질 개선 → 신체 기능 활성화 → 신진 대사의 상승 → 혈액이 맑아지고 세포가 부활함

* 오가피의 약리적인 특징은 무엇인가?

전문가들이 지금까지 밝혀낸 오가피의 가장 큰 효능은 바로 간 기능 보전, 해독 작용, 그리고 면역 기능의 향상이다. 브레크만 박사 팀의 연구에 의하면 오가피는 생체기능의 전반적인 기능을 증대시킬 뿐 아니라. 동맥 혈압을 정상화시키고, 혈당 감소와 더불어 항암, 당뇨병 예방, 백혈구 정상화, 고혈압 등 우리가 앓고 있는 현대병 대부분에 효험이 있는 것으로 나타났다.

또한 이런 현대병 치료 면에서는 물론 식욕증진, 수명장애 개선, 혈중 헤모글로빈 증가 등 스트레스에 대항하고 건강한 신체를 가질 수 있도록 도와주는 기능도 포함되어 잇다.

실제로 중국에서 토끼와 고양이에게 오가피로 정맥 주사를 놓은 뒤 동맥 혈압을 검사한 결과 오가피가 혈액 순환 및 혈압 정상화에 지대한 영향을 미친다는 것을 발견했다. 그 외에도 오가피는 신경 안정, 신경 억제 등 정신적 안정에도 큰 기여를 한다.

## 고전 의약서와 연구논문들이 말하는 오가피 기능

① 동의보감 : "목숨을 더하고 늙지 않으니 신선의 약"

② 본초강목 : "한 줌의 오가피를 얻는 것은 한 수레의 황금을 얻는 것보다 낫다."

③ 러시아의 브레크만 박사 : "오가피는 인삼을 능가하는 생약이다."

④ 독일의 와그너 박사 : 한국산 오가피에는 소련산과 중국산의 6배에 달하는 약효 성분이 있다.

* 우리 몸에 영향을 미치는 오가피의 주요 성분

오가피에는 트리테르페노이드계의 7가지 배당체가 있다. 이 중 스테로이드, 쿠마린, 리그린, 후라본, 트리테르페

노이드는 항암작용, 노화방지, 신진대사 기능에 관여한다.

그리고 이외에도 글루코스, 갈릭토스 같은 당 성분과 다량의 카로틴, 비타민 B1,B2, C, 니켈, 구리, 아연, 마그네슘 등의 미네랄 및 다당체들은 우리 몸의 활력을 높여주고 독소를 배설하는 데 탁월한 효과를 가진다.

1. **스테로이드** : 몸 안, 그리고 혈액 내의 콜레스테롤 배설을 촉진하여 고지혈증을 막아준다.

2. **세사민** : 기침을 멎게 하며 기관지염을 예방한다. 결핵균에 강하고 특히 항산화 작용이 뛰어나다.

3. **리그난** : 저항력을 강화시켜 면역력을 높여주며 RNA 합성을 촉진해 백혈구를 증가시킨다.

4. **쿠마린** : 혈압을 강하하는 작용이 뛰어나다.

5. **지린긴** : 시력과 청력의 감퇴를 예방하고 노화를 방지하며 신진대사 기능에 활력을 부여한다.

6. **아칸소사이드** : 항암작용과 암 치료에 동반하는 합병증을 예방하며 알레르기성 질환과 간 손상을 억제하고, 알코올 및 독소의 해독 작용에 탁월하다. 혈액순환에도 좋은 영향을 미친다.

7. **시나노사이드** : 요통과 관절염으로 인한 부종에 효과가 좋으며 그 외에 냉대하, 위궤양, 비염 등에도 좋은 효능을 보인다.

8. **미네랄** : 우리 몸의 활력을 높여주고 필수 영양소를 공급한다.


## 3) 현대병에 미치는 오가피의 효능

오가피에 붙은 이름은 인삼을 능가하는 약효를 가졌다는 의미의 '제 2의 산삼' 뿐만이 아니다. 신체 기능에 활력을 주고 질병을 예방한다는 점에서 '만병통치약' 이라고도 불린다. 실제로 가축들에게 시행한 가축 실험만 봐도 소에게 오가피를 주자 우유 생산량이 늘었을 뿐 아니라 닭들은 성장이 촉진되어 두 달 만에 어미 닭이 되었고, 벌은 꿀을 60%나 더 모았다고 한다.

사람에게서도 그 효능은 마찬가지였다. 오가피를 복용한 경우 운동능력이 향상되었고 만성 질병도 빨리 회복이 되었으며 신경쇠약이나 우울증 등도 호전이 빨랐다. 그러나 오가피의 효능이 더 각광받기 시작한 것은 이 오가피가 이같은 근본적 개선 외에도 현대병의 예방과 치료에도 탁월한 효능을 인정받았기 때문이다.

지금부터 우리에게 보이지 않게 건강을 위협하여 현대병에 영향을 미치는 증상들에 대한 오가피의 효능들을 알아보도록 하자.

- 동아일보 1999/11/29 -

## 가시오가피 나무 "암-성인병 억제"

가시오가피나무가 암세포의 성장을 억제하고 성인병을 예방하는 효과가 높은 것으로 나타났다. 29일 강

원농업기술원 북부 농업 기술원에 따르면 실험실에서 추출한 간암 세포주 (hep3B)에 국내산 가시오가피의 뿌리껍질 추출물을 투여(1.0g/l)한 결과 94%의 암세포 억제효과가 있었다는 것.

폐암 세포주(A549)와 유방암 세포주(MCF7)의 경우 각각 91%와 89%의 암세포 억제 능력을 보였으며 돌연변이를 억제하는 효과도 30%에 이르는 것으로 나타났다.

또 추출물을 관련효소에 투여했을 때 간세포 활성도가 241%로 나타나 높은 해독 효과를 보였으며 당뇨병을 방지하는 혈당 강하능력, 혈압 조절능력 등에도 효과가 있는 것으로 조사됐다.

북부농업시험장 한종수연구사는 "추출물을 과다 투여할 경우 정상세포에 해를 끼치는 요인도 적지 않은 것으로 나타났다며 보다 정확한 효과 검정을 위해서는 임상실험 등 추가 연구가 따라야 한다"고 말했다.

해발 600M 이상의 고산지대에 서식하는 가시오가피

는 옛부터 인삼과 같은 효능이 있는 것으로 알려져 최근 묘목 육성작업 등이 활발히 연구되고 있다.

## * 고혈압과 심장 질환

고혈압과 심장 질환은 암에 버금가는 현대인의 주요 사망 원인이다. 이런 고혈압과 심장 질환은 한번 발병하면 서서히 진행해 몸이 이겨내기 힘든 타격을 준다. 따라서 발병 후 관리보다도 발병 전 예방이 절대적으로 중요하다.

오가피에는 산소 결핍을 방지하고 이겨내도록 하는 효능이 있어서 관상동맥의 확장에 큰 도움을 준다. 한 실험에서 토끼와 고양이의 심장에 오가피 용액을 관류시키자 관상동맥 혈류량이 각각 109%, 47.6% 증가했으며, 심박동이 늦춰지는 효과가 있었다.

이는 오가피의 질산코발트라는 성분이 적혈구 감소를 해결해주고, 혈관에 활력과 개선을 선사하기 때문이다. 이 때문이 한의학 계에서는 고혈압이나 심장 관련 질환에 오가피를 사용해 치료하는 경우가 많다.

## * 간의 해독

우리가 먹는 유해한 음식들은 물론, 술과 담배, 스트레스, 이 모든 것이 간 조직을 파괴하고 지방간이나 병변을 만들어 간염, 간암 등을 발병시킬 수 있다. 즉 간은 현대 생활에서 가장 손상받기 쉬운 장기 중에 하나다.

그런데 다행히도 오가피가 가장 크게 영향을 미치는 장기 중에 하나가 바로 간이라는 사실을 알고 있는가.

오가피는 간이 손상되는 것을 막아주고 일정한 손상이 병으로 발전하지 않도록 보호해준다. 이는 오가피가 독성물질의 대사를 촉진시켜서 해독작용을 하기 때문이다. 또한 간에 지방이 쌓이는 지방간을 막는 항 지방간 작용도 한다.

## * 면역 기능

면역 기능은 건강하게 오래 살기 위한 가장 중요한 몸의 기능 중에 하나다. 면역 기능이 약하면 쉽게 질병에 걸릴뿐더러, 매사에 기운이 없어 활력 있는 삶을 즐길 수 없다.

이때 오가피를 꾸준히 섭취하면 백혈구 수의 증가 효과

를 볼 수 있다는 건 이미 여러 차례 증명된 사실이다. 이는 오가피의 리그난 때문인데, 이 리그난이 RNA 합성을 촉진해 백혈구를 만들어내기 때문이다.

또한 리그난 외에도 다른 성분들 또한 백혈구에 영향을 미쳐 결과적으로 면역력을 향상시키고 생체 저항력을 증강시킨다. 이렇게 생체 저항력이 커지면 웬만한 질병들을 이겨낼 수 있는 힘이 생긴다.

## * 암과 항암

우리나라의 사망률 1위를 차지하고 있는 암에서도 오가피의 역할은 적지 않다. 암은 언뜻 보면 갑작스럽게 나타나는 것 같지만, 결과적으로 몸의 면역작용이 원활하지 않아 몸 안에 병적인 요소들이 하나둘 축적되면서 나타나는 결과이다.

따라서 면역작용에 도움이 되는 오가피를 섭취하면 암 예방에 큰 효과를 볼 수 있으며, 암의 치료 면에서도 합병증을 예방하고 체력 저하를 막아주어 좋은 예후가 나올 수 있도록 도와준다.

*비만

오가피는 다이어트에도 효과적인 효능을 보인다. 오가피의 성분들이 몸의 수분 조절을 도와주고 지방과 당질의 대사를 원활하게 조정해주기 때문이다. 이처럼 생체 기능들이 원활해지면 노폐물 배출이 빨라질뿐더러 살이 찌지 않는 체질로 변하게 된다.

* 스트레스

오가피는 신경증적인 작용에 효과가 있어 오래전부터 심신허약 시 자주 섭취되어 왔다. 오가피에는 중추신경계를 안정시키고 물리적인 스트레스는 물론, 화학적인 스트레스까지 경감시키는 효과가 있다. 또한 과로해서 무기력해진 몸의 신체기능을 활성화시키는 효과도 있다.

## 3장  생활 속에서 만나는 오가피 건강법

오가피는 아주 오래전부터 우리 선조들이 애용했던 약재 중에 하나였다. 그리고 이제는 과학기술의 힘으로 오가피의 효능들이 증명되었다. 동시에 오가피는 잠들어 있던 의약서의 책갈피에서 깨어나 우리 곁으로 한층 가까이 다가오고 있다.

이 장에서는 우리가 생활 속에서 만날 수 있는 오가피와 관련한 여러 제품 형태, 일상적인 활용법, 좋은 오가피 고르는 법 등 오가피를 더 가치 있게 이용하고 섭취할 수 있는 방법에 대해서 알아볼 것이다.

## 1) 가족들의 건강, 오가피로 지킬 수 있는가?

오가피의 장점 중에 하나는 남자건 여자건, 어른이건 아이에겐, 남녀노소 누구에게나 부작용 없이 적절한 도움을 준다는 점일 것이다. 따라서 오가피를 건강식품으로 섭취하면 가족 건강에 큰 도움이 될 수 있다.

사회적 스트레스에 시달리는 남성들의 경우 오가피를 섭취하면 피로회복이 빠르고 스트레스가 예방될 뿐 아니라 정력증강 효과를 얻을 수 있을 뿐 아니라, 이때부터 본격적으로 발생하는 동맥경화와 고혈압 등 현대병을 예방할 수 있다.

활력과 아름다움을 원하는 여성은 오가피를 통해 독소를 제거하고 활력을 얻어, 피부와 몸의 노화를 최대한 방지할 수 있다. 또한 아랫배가 찬 냉대하증도 오가피의 따뜻한 성질로 치유 가능하며, 무엇보다 오가피는 신진대사율을 높여 지방이 쌓일 틈을 주지 않으므로 살이 찌지 않는 체질을 만들어준다.

노인에게도 마찬가지로 오가피는 상당한 효능이 있다. 노인들에게 필요한 기초 체력을 회복하고, 뼈를 튼튼하게 해서 혹시 모를 위험한 노년기 골절상에 대비하게 해준다. 또한 오가피는 노인들에게 많이 나타나는 혈관 질환이나 풍 등에도 좋은 효능을 보인다.

마지막으로 어린이에게는 오가피가 가장 필요하다고도 볼 수 있다. 여러 실험에 따르면 오가피는 인체의 성장을 건강하게 촉진한다. 따라서 성장기 어린이가 오가피를 장기 섭취할 경우 키가 더 커지고 골격과 근육이 튼튼해진다.

## 각 연령대별 오가피의 활용범위

**1** 여성 : 피부노화 방지, 건강미 유지, 냉대하증
　　　치료, 비만 방지
**2** 남성 : 피로회복, 스트레스 예방, 정력증강
**3** 노인 : 기초체력 회복, 동맥경화, 고혈압, 암 예방
**4** 어린이 : 성장 촉진, 집중력 증강, 근육과 뼈를
　　　튼튼하게 함. 운동능력 증강

## 가시오가피에 성장촉진 물질

우리나라 자생식물로부터 성장촉진 물질을 개발, 어린이 성장발육과 체력증진에 큰 도움이 될 전망이다. 경희대 동서의학대학원 한약리학교실 김호철 교수는 과학기술부 프론티 어연구개발사업의 일환으로 발족된 자생식물이용기술개발사업단으로부터 연구비를 받아 골 길이 성장을 촉진시키는 한약재를 발견했다고 최근 밝혔다.

김 교수팀은 나아가 '가시오가피' 라는 이 한약재의 효능과 작용 메카니즘을 밝혀냈으며 최근 상용화하는 데도 성공했다.

이번 연구결과는 이미 국본초의학회지에도 발표했으며 이달 초 해외 저널에도 각각 발표했다.

이번 연구는 김 교수 팀이 가시오가피의 신경보호효

과를 이미 밝혀낸 특허를 출원하고 그 후속 여구의 일환으로 오가피가 전통적으로 한의학에서 어린이의 성장 지연을 치료하는데 사용했다는 사실에 착안, 이루어졌다. 김교수는 "생후 3개월 된 흰쥐에 시료를 투여한 후 테트라사이클린을 48시간 간격으로 투여해 성장판의 길이 증가를 비교한 결과 정상적인 성장에 비해 1.53배 높은 성장을 기록했다"고 밝혔다.

이는 성장을 위해 사용되는 성장호르몬이 정상적인 성장에 비해 1.89배인 점을 감안하면 80% 정도에 해당되는 것이다.


## 2) 오가피 제품에는 무엇이 있나?

오가피는 인삼과 달리 뿌리뿐만 아니라 열매와 이파리도 약용으로 함께 쓰이는 버릴 것이 없는 약재다. 실제로 열매와 이파리도 뿌리 못지않은 효능을 가진다.

예를 들어 잎은 나물로 무쳐 먹으면 피부의 습진을 제거

한다. 또 밥에 넣어 나물밥을 해먹는데, 이것을 오갈피밥이라고 부른다. 또한 구기자나무의 잎과 차나무 잎과 함께 다려 차로 마시기도 하는데 이처럼 잎을 잘 음용하면 피부가 고와지고 혈액순환장애가 개선되며 식욕이 증진된다.

그리고 최근 들어 이처럼 오가피를 이용한 다양한 제품들이 시중에 나와 있다. 우리나라 토종 오가피의 효능을 앞에서도 말했지만 세계 최고 수준이며, 근래 오가피 농가들이 늘어나면서 우리나라의 오가피가 세계 곳곳으로 수출되고 있다.

실로 오가피에 대한 세계적 관심도 높아져서, 스웨덴에서는 오가피로 가루 제재를 만들어 감기 예방약으로 쓰는 연구를 진행 중일 뿐 아니라, 쉽게 일상 속에서 다가가기 쉬운 다양한 오가피 제품들이 속속 등장하고 있다.

 * 의약품

 - **자양강장제** : 오가피의 가장 중요한 물질인 아칸토사이드가 인체의 면역 작용을 높여준다.

- **피로회복제** : 오가피의 7가지 배당체가 주요 성분으로 생체기능을 향상시켜 피로를 풀어주고, 스트레스를 제거해 주는 역할을 한다.

- **항암, 항당뇨제** : 토종 오가피 잎에서 나오는 치산노사이드를 이용해 당뇨, 간장과 신장병, 암 등에 효과적인 의약품을 생산할 수 있다.

- **소염진통제** : KIST의 생명공학연구소가 국제특허를 얻은 제품으로 토종오가피의 한 종류인 섬오가피 뿌리에서 많이 검출되는 아칸토산으로 아스피린의 소염진통 효과의 5배에 달하는 소염진통제가 개발되었다.

\* 건강기능식품

- **추출액** : 오가피의 주요 성분을 추출해 만든 음료 형태의 제품이다.

- **티백과 고형차** : 물에 우려 마시거나 타 마실 수 있는 형

태의 제품이다.

- **환** : 오가피를 건조해 가루로 낸 다음 알약 형태로 만든 제품이다.

앞으로 더 많은 이용자들이 생겨나면서 성별, 연령별에 따른 다양한 제품이 출시될 예정이다.

* 그 외 상품들

- **화장품** : 현재 미국에서 오가피를 첨가한 크림이 생산된 바 있고, 프랑스의 화장품 회사도 주름살 제거 크림 성분에 오가피를 사용한다. 또한 국내에도 오가피를 함유한 미백 화장품들을 찾아볼 수 있다.

- **드링크제** : 대추와 갈근 등을 함께 달인 뒤 혼합 조제해 다양한 기능의 드링크제들을 만들어낼 수 있다.

### 3) 좋은 오가피, 제대로 고르는 방법

1. 원산지 확인을 반드시 하라

현재 우리나라의 오가피 재배량은 이제 막 시작한 상황이라 수요에 비해서 그다지 많지 않다. 이렇게 물량이 부족하다 보니 러시아산, 중국산이 국산으로 둔갑해 경동시장 등 시중에 유통되고 있다.

그런데 더 큰 문제는 아예 가짜 오가피까지 팔린다는 점이다. 이것들은 효능이 적거나 오가피보다 훨씬 적은 두릅, 독할, 엄나무, 마가목나무 등이다. 여기서 한 수 더 나아가 아예 '향오가' 라는 독초를 파는 곳도 있으니 원산지를 꼭 확인해야 한다.

2. 오가피는 연령이 중요하다

오가피 중에서도 가장 약효가 좋은 것은 10년 이상 좋은 땅에서 양질의 거름을 듬뿍 주어 정성껏 재배한 것이다.

그러나 이런 상품 오가피는 전체 생산량의 30%에 불과한

데 앞으로 재배 기술이 발전하면 더 많이 생산될 예정이다. 이런 오가피는 보기에 좋고 냄새가 향기로울뿐더러 효능이 좋다.

### 3. 농약을 뿌리거나 곰팡이가 생긴 것은 하품에 속한다

최근 약전에 곰팡이가 핀 북한산, 중국산 오가피들이 등장하고 있다고 한다. 이런 오가피는 냄새를 맡아보면 곰팡이 냄새가 나는데, 곰팡이 냄새가 나는 오가피는 최하품 이하의 폐기물에 속한다.

따라서 냄새를 맡아 오가피 특유의 향내가 없다면 구입하지 말아야 한다. 또한 오가피 재배는 유기농을 원칙으로 한다. 따라서 농약을 뿌리거나 화학비료를 사용한 제품은 하품이라고 봐야 한다.

### 4. 기능식품으로 오가피를 섭취한다면, 판매 회사가 믿을 만한지 따져봐야 한다

같은 오가피 기능식품 회사라도 그 회사의 신뢰도가 얼

마나 높은지, 공인된 특허 출원이 있는지, 양질의 오가피를 사용하는지, 반품이 가능한지, 제대로 된 제품 유통기한을 준수하는지, 가격은 합리적인지 등 여러 측면들을 꼼꼼히 확인해야 한다. 이런 면에서 믿을 만한 회사여야만 그 회사의 제품도 믿을 수 있음을 기억하자.

## 4장　오가피로 건강을 찾는 사람들

### 체험 사례

# 위궤양과 중이염이 사라지다

최백산_서울시 송파구 마천동

저는 30년 전 실내수영장에서 수영을 배우다가 왼쪽 귀에 중이염을 얻었습니다. 그냥 일주일 정도 치료하면 낫겠거니 했는데 언제부터인가 핸드폰을 받으면 왼쪽 귀는 잘 들리지 않기 시작했습니다. 증세는 점점 심해져서 나중에는 귀 안에서 웅웅거리는 소리는 물론 왼쪽에서 이야기하면 잘 들리지 않아 불편은 심해지기만 했습니다.

그러다가 아는 분으로부터 오가피 이야기를 듣고 반신반의하면서 오가피를 섭취했는데, 그때부터 신기한 일이 벌어졌습니다. 처음에는 크게 차도가 없다가 조금씩 왼쪽 귀 안이 간지럽기 시작하더니 일주일 정도 계속 심해졌습니다. 안에 염증이라도 생긴 건가 병원으로 향하려는데 소개해주신 분께서 3일만 더 참아보라고 하셨습니다. 일종의 호전반응일 수 있다는 것입니다.

그리고 그렇게 다시 3일이 지나면서 가려웠던 것이 점차 가라앉는데 놀랍게도 이전보다 점차 잘 들리더니 가끔 괴롭히던 귀 울림까지도 사라졌습니다.

이런 좋은 효과는 저만 본 것이 아닙니다. 처음 제가 겸사겸사해서 오가피를 먹기 시작할 무렵 남편도 함께 섭취를 시작했습니다. 남편은 심한 위염을 앓고 있어서 툭 하면 궤양으로 돌아가 심하게 배앓이를 하곤 했습니다.

김치는 매워서 물에 씻어 먹고 약을 달고 사는 건 물론이고, 식사를 시작하면 두세 숟갈을 뜨자마자 화장실을 다녀와야 할 정도로 장도 약했습니다.

아무리 병원을 다녀 봐도 효과는 잠시고 결국 약만 먹게 되는 것이 싫어서 오가피를 섭취하기 시작한 결과, 불과 한 달도 안 돼서 하루에 한번 좋은 변을 보기 시작하는 게 아니겠습니까.

이제 제 남편은 가끔씩 비빔밥에 고추장을 넣어서 비벼 먹을 수 있을 정도로 속 쓰림과 위염도 줄어들었고 머리 정수리부터 머리칼이 빠져서 가발을 쓰고 다녔는데 조금씩 머리칼이 나고 있습니다. 나와 남편의 몸속부터 치료해주고, 이처럼 건강한 삶을 되찾아준 오가피에게 감사한 마음 뿐입니다.

## 저혈압과 순환장애를 이겨내다

황보명숙_경주시 성건동 무궁화 아파트

저는 한 가정의 주부입니다.

시집올 때부터 부유하지 못한 가정이었던 터라 생활고를 이기고 아이들 교육비를 마련할 수 있을까 해서 오래전부터 청과물 장사를 해왔습니다.

하루하루 열심히 살아보려고 늦은 시간까지 길거리 장사를 마다하지 않았는데, 새벽같이 일어나 청과물을 떼어오고 식사를 걸러 가며 팔고 하는 고된 하루 일과를 계속 반복하는 생활은 결국 제게 냉증과 심한 위장장애를 안겨주었습니다.

속이 늘 쓰리고 소화불량 때문에 병원을 전전했지만 거기서 하는 말은 규칙적으로 생활하고 일을 줄이라는 것이 전부였습니다. 그렇게 약을 한 움큼씩 먹으면서 몸은 점점 쇠약해지기 시작했습니다. 그리고 설상가상으로 좌골신경

통 진단과 저혈압, 순환장애로 와사풍이라는 증세까지 진단까지 받고 세상 살아갈 용기까지 잃게 될 무렵, 오가피를 만났습니다.

오가피를 중심으로 꾸준히 섭취하면서 조금씩 원기를 되찾는 것이 느껴졌습니다. 무려 7개월 동안 섭취한 결과 여러 호전반응을 겪었습니다. 제 몸이 좋아진다는 걸 느낀 건 무엇보다도 몸의 활력이 생겼다는 점이었습니다.

아침에 일어나면 무겁기만 하던 몸이 가볍고, 장사를 하다가 깜빡 졸 정도로 피곤했던 몸이 생생하기만 했습니다. 그러다 보니 자연스레 위장도 좋아지고, 특히 저혈압과 순환장애가 씻은 듯 사라졌습니다.

차츰 차츰 몸이 좋아지면서 기분도 좋아지고 나도 건강해질 수 있다는 믿음이 생기면서 병 차도도 빨라지는 것 같습니다.

병원에서도 어떻게 할 수 없었던 이 증상들을 오가피 제품으로 치료했다는 것이 정말 믿기지 않을 정도입니다. 결국 자신의 몸은 자신이 챙기고 건강을 지키는 수밖에 없다는 생각이 듭니다. 무엇보다도 저를 건강하게 만들어준 오가피를 제게 전달해주신 분들께 감사의 말을 전합니다.

# 대장 크론병을 오가피로 치유하다

홍성금_경주시 안강읍 양월

저는 한 농가에서 논농사를 2만 여 평 경작하는 동시에 한우 60여 마리를 키우고 있는 농민의 아내입니다. 우리 부부는 오랜 세월 합심해서 한우를 100마리 키우게 되는 날까지 열심히 일하자고 다짐 또 다짐하며 힘든 시간을 넘어왔습니다. 하지만 남편의 건강이 조금씩 무너지기 시작해 서울 아산병원에서 종합검진을 받게 되었습니다.

청천벽력 같은 소식이었습니다. 대장에 염증이 생겨 썩어가는 희귀병이라는 크론병 진단이 나온 것입니다. 이 병은 입에서 항문까지 소화기관에 바이러스성 염증이 생기는 병입니다.

남편은 병원에 입원해 치료를 받기 시작했지만 처방이라고는 고작 항생제를 투여하는 것뿐이었습니다. 결국 담당 의사와 오랫동안 상담을 받은 결과 의사 분은 차라리 대체식품으로 몸을 근본적으로 치료하는 편이 더 바람직하다는 결론을 솔직히 표명하셨습니다.

저는 그날부터 대체의학과 대체식품에 관련된 책을 열심히 읽기 시작했고 그러다가 음식물로도 고치지 못하는 병은 약으로도 고칠 수 없다는 글귀를 읽고 수소문하다가 아는 언니로부터 오가피 제품을 소개받았습니다.

이어 남편은 오가피 제품을 약 10개월 정도 섭취하게 되었는데 세 끼를 적당히 건강한 식사를 하고 오가피를 섭취한 결과 몸이 점차로 회생되는 것을 느낄 수 있었습니다. 이후 재검진 결과 믿을 수 없는 소식을 들었습니다. 대장이 정상으로 회복되었다는 것입니다. 우리는 하늘을 날 것 같은 기쁜 마음으로 돌아왔습니다.

그런데 문제는 당시 너무 자신만만했던 나머지 먹던 오가피마저 끊었다는 것이었습니다. 다시 보통 생활로 돌아간 지 1년 만에 남편은 다시 병이 재발하고 말았습니다. 저는 서두르는 마음으로 혹시나 하고 오가피를 다시 주문했고, 이후 더더욱 섭식에 신경 쓰며 남편에게 오가피를 복용시켰습니다.

지금 우리 부부는 스트레스와 잘못된 섭식을 주의하고 있을 뿐 아니라 계속해서 오가피를 섭취중입니다. 남편은 물론 대장 크론병이 사라졌을 뿐 아니라 이제 아주 건강한 생활을 지속하고 있습니다.

좋은 대체식품이 항생제 같은 일반 처치보다 훨씬 나을 수 있으며, 음식과 좋은 생활습관이 얼마나 중요한지를 깨닫는 시간들이었습니다.

# 뇌경색, 당뇨 중증환자에게 빛이 되는 오가피

이길우_경북 경주시 활성동

저는 자영업을 하는 사람입니다. 부인이 피로와 투통이 심하고 손발이 저린 증상이 있다는 것을 알고 있었는데, 어느 날 몸까지 부자연스러워지고 쇠약해져 병원을 전전했습니다. 그러나 병에 차도가 없어 삼성병원에서 다시 종합진료를 받아본 결과 당뇨와 뇌경색 진단을 받았습니다. 아내는 당뇨와 뇌경색 약을 6개월간 복용했고, 이후 뇌경색 수술을 결정했습니다.

수술을 기다리면서 계속 차도가 없어 고통 받던 중 오가피 제품에 대한 정보를 듣고 이 제품을 3개월간 먹게 되었습니다. 먹은 지 한 달 정도 지났을까, 아내의 손발 저림이 먼저 치료되었습니다. 그리고 6개월쯤 섭취한 결과 두통과 당뇨 수치, 나아가 뇌경색까지 호전되어 결국 뇌경색 수술을 받지 않을 수 있었습니다.

현재 아내는 오가피 제품을 1년 정도 섭취한 상황이고 이제 거의 정상적인 생활을 누리고 있습니다. 저 역시 그간 갑상선 기능 항진증으로 피로가 쌓여 합병증으로 고통 받던 차였는데 아내와 함께 이 제품을 1년간 섭취한 결과 잃었던 갑상선 기능을 되찾았습니다.

이후 우리 부부는 우리 같은 중증 환자들에게 오가피 제품을 전달하는 기쁨으로 살아가고 있습니다.

# 시력 감퇴 및 전신 건강을 오가피로 살렸다

최중한_서울 서초구 서초동

저는 군에서 영관장교로 전역해 한진그룹에서 부장으로 30여 년간 고된 업무를 해왔지만 크게 아픈 부분이 없어 병원 한 번 다니지 않았던 건강 체질이었습니다.

이 건강이 계속 가겠지 안심한 것이 잘못이었습니다. 세월이 하루하루 더하면서 몸에 조금씩 무리가 가고 결함이 생기는 것을 느끼던 차, 지인으로부터 오가피 제품을 소개받아 6개월간 섭취하게 되었습니다.

처음 나타난 놀라운 반응은 침침했던 눈이었습니다. 당시 어지럼증이 있어 안경을 항상 껴야 했는데 어느 날 안경을 쓰지 않았는데도 시야가 환하고 어지러운 증상이 사라졌습니다. 또 발의 무좀과 얼굴의 주근깨도 점차 희미해지기 시작하면서 몸 전체의 활력이 개선되는 것을 느낄 수 있었습니다. 무엇보다도 놀라운 건 매주 하는 등산에서 지치지 않고 누구보다도 산을 잘 탈 정도로 건강이 좋아졌다는 것입니다.

이제 저는 오가피 매니아라고 자청할 만큼 벌써 10년째 오가피를 섭취 중이며 이 좋은 약을 다른 분들에게도 열심히 전달하고 있습니다.

건강이 만사형통임을 믿어 의심치 않으며 열심히 살 수 있는 힘을 북돋아 준 오가피 전달자 분께 감사의 마음을 전합니다.

# 오가피와 함께 하는 건강한 인생

강종식_서울 광진구 구의3동

저는 40여 년간 교직생활을 했습니다.

정년을 마치고 교장과 교육장으로 재직하고 평생 큰 소일거리가 없이 지내던 차 오가피 제품을 만나게 되었습니다. 당시 제게는 고질병이 하나 있었습니다. 바로 당뇨와 고혈압입니다. 늘 조심조심한다고 해도 어느 날 당뇨 수치 혈압이 올라가기라도 하면 가슴이 철렁하곤 했습니다.

그러던 차 오가피를 만나면서 당뇨 수치가 거의 정상으로 돌아오고 일상생활과 가벼운 운동도 지장 없을 정도로 고혈압이 개선되었습니다.

지금 저는 오가피 제품을 많은 분들에게 전달하는 일을 하고 있습니다. 본사까지 출근해 건강해진 제 모습을 보여주고 몸이 아프신 분들에게 제 체험을 말씀드리는 것이 제 일입니다.

저의 도움으로 조금씩 건강이 좋아지고 계신 분들을 보는 것이 저의 기쁨이자 보람입니다.

앞으로도 건강을 잃지 않고 더 많은 분들을 만나면서 오가피 제품의 힘을 알려낼 생각입니다.

모두들 건강하십시오.

# 생의 끝자락에서 나를 건져낸 오가피

사람은 누구나 꿈이 있고 희망이 있기에, 더 행복할 미래를 보고 살아갑니다. 저 역시 멋진 인생을 살겠다는 꿈을 안고 남편을 만나 미래를 설계하고 하루하루 충실히 살아왔습니다. 그러나 아이를 낳으면서 그 꿈은 모두 물거품이 되어버렸습니다.

출산 후 저의 건강은 극도로 악화되어 10년이 지나도 나아지지 않았습니다. 아니, 오히려 심해져서 거의 생사의 기로에 놓일 정도가 되었습니다. 삶을 포기하고 싶다는 끔찍한 생각이 들 정도였습니다.

그때 기적 같은 일이 저를 찾아왔습니다. 지금도 그때를 생각하면 꿈속의 신기루를 본 느낌이 들 정도입니다. 만일 오가피를 만나지 않았더라면 제 인생이 어떻게 되었을까요? 상상도 할 수 없을 정도입니다. 이 고통스러웠던 12년의 세월을 어찌 말로 다 표현할 수 있겠습니까?

아마 한 가정의 주부가 12년간 아팠다고 한다면 그 상황을 아실 것입니다. 남편은 직장 일을 하는 것도 모자라 가사일과 아이 키우는 일까지 거의 도맡아 해야 했습니다. 저는 항상 미안함에 얼굴을 들 수가 없었습니다. 전국의 모든 병원, 한의원, 심지어 무속인까지 찾아가봤지만 나를 살려줄 사람은 하나도 없었습니다.

병원을 가면 신경병이라고 하고, 한의원을 가면 화병이라고 하고, 무속인에게 가면 신병이라고 하였습니다. 무슨 병이 그렇게도 다양한지요. 심지어 마지막에는 자포자기해 삶을 버리겠다는 생각에 신병 처방을 받고 보살까지 되었지만 시간이 흐를수록 증세는 악화되어 몸무게 고작 35키로인 영락없는 시체 꼴이 되었습니다.

이 무렵은 친구와 식구들 만나는 것이 두려울 정도였고 온몸에 마비가 일어나고 움직일 수조차 없었습니다. 정말 눈물도 많이 흘렸습니다. 죽음이 두려워서가 아니라 이렇게 살 거면서 태어나서 결국 가족들에게 짐만 되고 사랑하는 남편과 아이들을 두고 떠나게 되는 게 한스러워서였습니다.

그러던 차에 밑져야 본전이라는 심정으로 오가피 제품을 만났고, 무심하게 일주일 정도 섭취하던 차였습니다. 그런데 그 단 일주일 만에 제 몸이 변하고 있었습니다. 풀잎이 새벽이슬을 맞으며 살아나듯이 몸이 급속도로 회복되어 나조차도 놀랄 지경이었습니다. 그날부터 저는 더 열심히 오가피를 섭취했고 한 달도 안 되어 두 다리로 번쩍 설 수가 있었습니다.

지금 제 별명은 건강 전도사입니다. 죽음 끝까지 다다랐다가 살아난 만큼 건강이 얼마나 중요하며, 오가피 제품이 우리 건강에 어떤 힘을 주는지를 자신 있게 말할 수 있습니다. 모든 것을 다 놓고 싶을 때가 다시 시작할 때입니다. 건강을 잃고 고통스러워하는 모든 분들게 오가피 제품을 권하고 싶습니다.

# 오십견 어혈을 오가피로 풀다

장창옥_서울 동작구

제가 오가피를 만나게 된 것은 오십견 때문입니다. 당시 저는 심한 오십견으로 오른팔을 거의 사용할 수 없을 정도였습니다. 마치 수십개의 바늘이 들쑤시는 듯한 고통을 겪으면서 병원을 전전했지만 결국 아무 차도가 없어 초조하고 부란한 나날만 보내고 잇던 중이었습니다.

그러던 와중 오가피를 먹으면 좋아진다는 이야기를 듣고 오가피 제품을 구입했습니다. 그렇게 구입한 오가피를 먹고 며칠 뒤 어혈이 풀리는 것처럼 어깨가 뻐근하면서도 시원한 느낌이었습니다. 내친 김에 조금씩 팔 운동을 함께 시작했고 그렇게 얼마 안 가 통증이 조금씩 사라지는 것을 느낄 수 있었습니다.

지금은 아직 완치된 것은 아니지만 팔을 들어 올리고 천

천히 돌리는 등 일상생활에는 큰 지장이 없는 상황입니다. 앞으로도 오가피 제품을 꾸준히 섭취하고 운동을 함께 하면 좋은 결과가 있으리라 확신합니다.

# 오가피를 통해 새 생명을 얻었다

남선우_인천시 남구 주안6동

저는 어려서부터 허약체질이었습니다. 그 때문에 어머니께 돌아가시는 그날까지 제 건강을 걱정하게 해드린 걸 생각하면 가슴이 저릴 뿐입니다.

저는 돌 무렵 홍역을 앓기 시작해서 다섯 살 때는 늑막염을 앓았습니다. 당시 어머니는 충청도 산골 시골길을 저를 업고 매일 읍내까지 가서서 진료를 받게 하셨습니다. 그렇게 하신 고생도 끝이 아니라 저는 열네 살 때는 류마티스성 관절염으로 높은 곳을 오르지 못했습니다. 그러다 침을 맞으면 또 내리막길을 걷지 못했습니다. 그때 제 곁에서 부축해주시면서 눈물지으시던 어머니가 생각납니다.

그렇게 18살이 되던 해에는 이제 신장에 무리가 와서 병원을 오가는 신세가 되었습니다. 거기에가 기관지가 손상되어 감기만 와도 엄청난 기침 때문에 자리에서 일어나기 힘들고 온 혀에 헛바늘이 돋아 물을 넘기는 것조차 힘들었습니다.

170센티미터에 깡마른 체구, 기미 가득한 얼굴, 눈가의 그늘은 점점 제 모습에 대한 자신감을 잃게 했습니다. 이렇게 매일 아프기만 했던 제게, 그러던 어느 날 마음 따뜻한 남편이 다가왔습니다. 어떻게 어떻게 결혼까지 해서 두 아이를 낳았고 어머니가 저 대신 아이들을 키워주셨지만 아이들이 자라면서 문제는 심해졌습니다.

당시 저는 식탁에서 아이들과 같이 밥을 먹다가 갑자기 쓰러지곤 했는데 처음에는 울고불고 하던 아이들도 나중에는 익숙해져 제가 쓰러져도 조용히 밥을 먹더군요. 그러던 서른두 살에는 각혈을 해서 병원을 가보았더니 기관지 확장증이라고 해서 수술을 하고 한 달간 입원을 했습니다.

이후로도 끔찍한 두통이며, 부정맥, 항체가 없는 간 문제로 여러 번 병원 신세를 질 마흔한 살 무렵, 어머니께서 드디어 돌아가셨습니다. 그리고 어머니를 잃은 슬픔이 커져갈 무렵 또 하나의 기적이 제게 다가왔습니다. 바로 오가피였습니다.

마치 돌아가신 어머니의 선물처럼 느껴져서 저는 무조건 믿고 먹겠다는 신념으로 오가피를 먹었고, 몸이 아팠던 만큼 엄청난 호전현상을 겪었습니다. 그러나 그걸 견디면서도 병원 약을 조금씩 줄였고 오가피의 양을 늘렸습니다. 그러면서 약 1년이 지난 결과 놀라운 일이 일어났습니다.

식탁에서 쓰러지는 일은 물론 자주 가던 병원에도 서서히 발길을 끊기 시작해 이제는 간 수치는 물론 나머지 수치도 정상 범위 대로 들어왔습니다. 몸무게도 14키로나 늘어서 이제는 아주 보기 좋은 모습입니다.

제가 건강해지면서 더 행복해진 건 제 가족들입니다. 건강해진 제 모습을 기뻐하는 남편과 아이들을 보면, 앞으로도 제 몸을 더 건강히 지켜야겠다는 다짐이 듭니다.

또한 저를 살려준 오가피를 더 많은 분들에게 전달하고 싶습니다.

# 간질과 골절에 좋은 오가피

이석화_울산광역시 남구 옥동

저는 울산에서 오가피를 만나 건강한 가정을 이루고 있는 이석화입니다. 1년 전 어느 날 지인과 소풍 삼아 놀러간 자리에서 오가피 체험 사례를 듣게 되었습니다. 놀랍게도 그분은 저와 비슷한 증상을 앓고 계셨고 아주 건강한 모습으로 제 앞에 서 있었습니다. 결국 그는 그분의 도움으로 오가피를 알게 되었습니다.

저는 당시 당뇨병과 고지혈증, 갑상선, 콜레스테롤 수치 등 갖은 질병을 앓고 있던 중이었습니다. 단순히 그 질병뿐만 아니라 합병증까지 와서 눈도 어두워지고 관절염 때문에 온몸이 쑤시는 증상 때문에 밤잠을 이루지 못했습니다. 게다가 제 약한 몸을 물려받았는지 딸도 간질 때문에 마흔이 넘도록 예쁘게 꾸며보지도 못하고 좋은 짝도 만나지 못했습니다. 딸아이는 움직일 때마다 손 떨림이 심했고, 굳어

버린 발목에서는 딱딱 소리가 나고 통증을 호소했습니다. 딸은 그간의 아픈 몸 때문에 스트레스가 심해 웃음을 잃고 말수도 적어졌을 뿐 아니라 신경이 예민해지고 병원 약을 너무 많이 복용해 월경까지 멈춘 상황이었습니다.

그렇게 병으로 하루하루 고통스럽던 우리 모녀가 오가피를 만났습니다. 딸과 저는 마지막으로 믿어보자는 심정으로 서로 닦달해가면서 열심히 오가피를 섭취했습니다. 그렇게 6개월이 지나면서 먼저 좋아진 것은 딸이었습니다. 사라졌던 월경이 다시 시작되면서 조금씩 움직임이 좋아졌고, 몸이 나아지는 것을 느끼자 딸은 너무 좋아했습니다. 그렇게 몸의 변화를 느끼고 웃음을 되찾은 딸아이를 보면서 저 역시 행복했고, 그 덕인지 저까지도 당뇨 수치가 조금씩 정상으로 돌아오기 시작했습니다.

좋은 일은 저와 딸에게만 일어나지 않았습니다. 얼마 전 남편이 자전거를 타다가 넘어져 갈비뼈가 세 대나 부러졌습니다. 그런데 오가피 원액을 꾸준히 섭취한 결과인지 11일 만에 뼈가 붙기 시작해 의사 선생님께서도 놀랍다며 거의 30대의 회복 속도와 비슷하다고, 앞으로도 꾸준히 건강 관리를 하시라며 퇴원을 시켜주셨습니다.

이 일이 있은 후로 우리 가족은 모두 오가피 섭취를 하루도 거르지 않고, 더 강한 확신으로 많은 분들에게 오가피를 권하고 있습니다.

오가피를 만나 건강을 되찾은 우리 가족의 체험 사례가 다른 분들께도 한 줄기 빛이 되기를 바라며, 건강이야말로 우리 삶에서 가장 중요한 보석이라는 것을 진심으로 말씀 드리고자 합니다.

# 뇌졸중 수술 후유증에서 벗어나다

황명숙_울산 광역시 북구 호계동

저는 올해 50세의 가정주부입니다. 사랑하는 남편이 3년 전부터 중풍으로 자리에 눕게 되면서 제가 식당에서 일하며 아픈 남편의 병간호를 하며 살았습니다. 그러던 중 결국 남편은 세상을 떠나버리고 저는 아픔도 슬픔도 뒤로 한 채 자식들을 생각해 먹고 사는 일에 매달려야 했습니다.

그러던 어느 날 저마저도 일을 하다가 쓰러지고 말았습니다. 평소 혈압이 높았지만 병원 갈 틈이 없어 방치해둔 결과였습니다.

눈을 떠보니 병원이었고, 뇌졸중 수술을 마치고 난 뒤였습니다. 저는 큰 근심 속에서 5개월이나 병원 신세를 져야 했습니다. 퇴원을 했지만 다리에 힘도 없고 운동 삼아 외출을 자주 했는데, 그렇게 산책 나간 공원에서 오가피를 먹고 계신 분을 만나게 되었습니다.

그분으로부터 한 시간 동안 이런저런 오가피 이야기를 듣고 섭취를 시작하게 되었지요.

당시 저는 앞뒤를 따질 겨를도 없었고 믿어보자는 마음으로 오가피를 먹기 시작했습니다. 저는 너무 살고 싶었고, 또 자식들을 생각해서라도 반드시 건강을 되찾아야 했습니다. 그런데 한 달 쯤 오가피 제품을 먹었을 즈음이었을까요. 제 몸이 다시 생기를 찾아가는 것을 느꼈습니다.

그간 무기력해서 밥숟가락을 들기도 힘들었던 몸이 밥때가 되면 일어나 이것저것 찌개를 끓이고 반찬을 만드는 정도로 변했습니다. 게다가 아들이 들어와도 자리에서 일어나지 못했는데 이제는 앉아서 이런저런 이야기를 나눌 수 있을 정도입니다.

수술 후유증이 사라지기 시작하고 난 뒤 또다시 몇 개월 간 오가피를 섭취한 지금은 거의 남들과 다를 바 없는 일상 생활이 가능합니다. 다른 이에게는 별로 대단할 것 없는 일상이지만 아들과 함께 식사하고 이야기할 수 있는 이 생활이 저에게는 축복입니다. 그리고 앞으로도 꾸준히 오가피

를 섭취하면 지금보다 더 욕심내서 세상을 살 수 있을 것
같습니다.

오늘도 주어진 이 고마운 일상에 감사하며, 여러분께도
건강한 나날들만 있기를 바랍니다.

## 만성피로와 허약체질을 오가피로 해결하다

조원자_인천시 남동구 간석 1동

저는 어릴 때부터 이유를 알 수 없게 몸이 시름시름 아파 건강한 삶을 살아본 기억이 없습니다.

얼마나 아팠는지 평소 병원을 하루에 두 군데씩 다니다 보니 한번은 의료보험공단에서 진상조사가 나와 약 대리구매가 아니냐고 윽박지를 정도였습니다.

늘 아침 10시 12시면 기력이 떨어지고 다리는 후들거렸습니다. 또 평소 담 때문에 숨도 쉬기 어려울 정도였습니다. 게다가 중이염, 자궁염증 때문에 가방에 늘 양약들을 가지고 다녔고, 그 부작용으로 신장과 간 기능이 약해지기 시작했습니다. 혹시나 해서 한약도 지어 먹어봤지만 별 효과를 보지 못했답니다.

그러다가 오가피 제품 체험 사례를 들었을 때는 설마 거짓말이겠지 생각했던 제가 이렇게 큰 효과를 보게 되리라고는 꿈에도 생각지 못했습니다.

섭취한 지 6개월 정도가 지나자 앞서 말한 증상들이 완화되고 기력이 떨어지던 만성피로도 훨씬 나아졌습니다. 짜증도 사라지고 병원에도 발을 거의 끊었으니 제 2의 인생을 산다고 해도 과언이 아닙니다.

얼마 전 병원에서 종합검진을 받은 결과 정상 판정을 받았습니다. 그 진단서를 쥐고 얼마나 기뻐서 울었는지 모릅니다. 아프고 나니 알 수 있을 것 같습니다. 건강에서 오는 기쁨이야말로 억만금보다 귀한 것이라는 것을요.

이제 저는 오가피 덕으로 되찾은 이 건강을 앞으로도 더더욱 소중히 지켜나갈 생각입니다.

## 과로로 오는 질병들, 오가피가 치유한다

현정_ 인천 남구 문학동

저는 27살 무렵 아침에 세수를 하는데 목에 아기 주먹만 한 혹이 잡혔습니다. 놀란 마음에 인천 기독병원에 갔더니 조직검사를 하자는 것입니다. 결과는 임파선 염이었습니다. 그런데 얼마 뒤 그 옆에 또 혹이 생겨 이번에는 연세대 병원을 갔더니 조직검사 결과 다발성 임파선 염이라는 진단이 나왔습니다. 담당 의사 분은 평생 힘든 일을 하지 말고 스트레스도 받아서는 안 된다고, 마음 편히 지내야 한다고 하셨습니다.

하지만 삶이라는 게 그리 평탄할 수만은 없는 것이었습니다. 저는 9년 동안 중풍으로 고생하시는 시어머니를 모셔야 했고, 생활 형편도 안 좋아 정육점을 열고 하루도 고민하지 않는 날이 없었습니다.

그러다 결국 과로로 인해 한방치료를 받았는데 모발검사

결과 나이는 40대인데 신체 나이는 60이라고 했습니다. 맥박은 느리고 혈압은 저혈압이라 신진대사가 느리다는 것입니다.

일상으로 돌아와 다시 장사를 하다 보니 방광염은 물론 입 주변이 툭 하면 헐었습니다. 그러던 도중 우연히 지인으로부터 오가피 제품을 소개받았습니다. 꾸준히 먹으면서 여러 호전반응을 겪었습니다.

첫째는, 오가피를 섭취한 첫날부터 밤에 잠을 잘 수 없을 만큼 많은 가래가 나왔습니다. 처음에는 감기려니 했는데, 잠을 못자 피곤한 것도 없고, 열도 없었습니다. 그리고 얼마 뒤에는 목 주변과 팔 겨드랑이가 부어올랐습니다. 전형적인 임파선 염 증상이었습니다. 그런데 막상 병원에 가서 진단을 받으니 아무 이상이 없다는 것입니다.

그렇게 한 달이 지난 뒤 거울을 보며 자세히 살펴보니 부기가 가라앉은 게 아니겠습니까.

또 하나는 민간요법 침뜸을 하다가 팔뚝에 화상을 입은 자리가 있었습니다. 보기 흉하게 일그러져 여름에도 반팔

티셔츠를 입지 않았는데 3년을 섭취한 지금 흉한 살은 사라지고 흉터만 약간 남았습니다. 그리고 늘 달고 살던 방광염과 구내염도 사라진 지 오래입니다.

만일 제가 그때 오가피를 만나면서 건강해질 수 있다는 믿음이 없었더라면 아마 이런 기적을 만날 수 없었을 것입니다. 이제 오가피라는 건강 지킴이가 곁에 있어 마음이 든든합니다.

# 가족력에 시달리던 약한 몸을 오가피에 의지하다

서영희_전주시 덕진구 우아동 3가

안녕하십니까? 저는 51세의 여성으로 체질적으로 약한 몸을 가지고 태어났습니다. 게다가 가족 내력으로 할머니 두 분은 폐암으로 돌아가시고, 아버님은 임파선 암을 앓으셨으며, 작은 아버님마저도 대장암으로 젊은 나이에 돌아가시게 되었습니다.

이 가족력이 유전이 되었는지 저는 언제나 병약한 상태였습니다. 그러던 2006년 가을부터는 기침과 가래가 동반된 기관지염이 발생해 일반 내과에 다니기 시작했습니다. 하지만 2007년 3월이 되어도 병세가 호전되지 않았고, 뒤늦게 폐에 물이 차 있는 상태에서 폐에 물이 차는 원인을 알기 위해 검사를 하게 되었습니다.

처음에는 폐암으로 알고 검사가 진행되었는데, 다행히 폐암은 아니라 약물치료가 시작되었습니다. 하지만 채 한 달도 안 돼 폐에 더 많은 물이 차게 되었고, 폐 주위에 공기가 차서 폐가 오그라드는 상태까지 오고 말았습니다.

다시 전북대 의과대학에 2007년 5월 1일 입원해 검사가 시작되었고, 폐에 물이 차는 게, 혈액이 원인이 되는 호산구성 원인불명의 질환이라는 결과가 나왔습니다. 피 속에는 백혈구, 적혈구, 호산구라는 면역 체계가 있는데, 제 병은 이 중에 알레르기에 대한 면역을 가지는 호산구가 작동하지 않는 일종의 혈액암이었습니다.

처음에 스테로이드제 약물 치료가 시작되었는데, 얼마 안 가 약물 부작용으로 온 몸이 살이 찌고 자극성 있는 음식은 입에 댈 수도 없는 상황이 되었습니다. 게다가 모든 고관절에 통증과 어지럼증, 현기증으로 정상적인 생활을 하기 어려운 상태가 되고 온 몸에 솜털이 나는 부작용을 겪기도 했습니다.

이런 상태에서 병원 치료를 받고 있던 중 우연히 친구로부터 오가피 제품을 소개받았고 4개월간 섭취했는데, 섭취 뒤 검사 결과 호흡기내과 박성주 선생님께서 기쁜 소식을 전해 주셨습니다. 이 상태라면 더 이상 병원에 오지 않아도 된다는 말과 모든 피 수치가 정상으로 됐다는 소식이었습니다.

저는 많은 가족들을 암으로 잃었습니다. 동시에 저마도 시름시름 아파 건강을 포기하며 살아갔던 지난 시간이었습니다. 그리고 이제야 건강하다는 것이 무엇인지, 건강한 삶이 얼마나 행복한지도 알게 되었습니다. 제 삶이 병으로 더 시름이 깊어지기 전에, 다시 이렇게 건강을 되찾게 해준 오가피 제품에 깊은 감사를 표합니다.

# 행운처럼 다가온 젊음의 활력

이순례_전주시 덕진구 진북동

안녕하십니까? 저는 58세의 여성으로 말 그대로 온몸이 걸어다니는 종합병원이라 해도 과언이 아니었습니다. 젊어서는 위염으로 시도 때도 없이 약을 먹었고, 그렇게 몸 안에 쌓인 약 성분이 결국 탈을 불러왔는지 몸은 점점 약해지기만 했습니다.

96년에는 건강 전체가 극도로 악화되어 종합검사결과 B형 간염, 콩팥, 편두통, 관절염, 허리디스크, 급성 녹내장으겹쳤다는 믿지 못할 결과가 나왔습니다. 이때문에 저는 대수술만 4번 했고, 7년전 자궁근종 수술 때는 마취가 깨지 않아 죽음의 문턱까지 갔습니다.

그래도 지푸라기라도 잡는 심정으로 저는 병원과 약에만 매달렸습니다. 그것만이 내가 살 길이라 생각해 끊임없이 병원 생활을 했던 것입니다. 그러다 보니 약물에 중독되어 원인을 알 수 없는 질환에 온몸이 80세 노인처럼 되어 버렸습니다.

매일 아침 일어나면 활력도 없고 피곤하기만 했습니다.

그러던 어느 날 행운처럼 오가피 제품이 제게 찾아왔습니다. 우연히 아는 후배로부터 오가피 제품이 좋다는 말을 듣고 소개를 받았습니다. 평소 양약에만 매달려온 터라 반신반의하는 마음이 없지 않았습니다. 그러나 후배의 칭찬에 속는 셈 치고 한번 먹기 시작한 오가피가 이렇게 제 삶을 바꿔놓을 것이라고는 생각하지도 못했습니다.

일단 가장 먼저 귀 뒤에 주먹만 한 혹이 없어지더니, 시간이 갈수록 서서히 간, 관절, 눈, 허리디스크, 요실금까지 모두 좋아지기 시작했습니다. 검진을 받을 때마다 괴로웠던 과거와 달리, 이제는 건강 검진을 받을 때마다 기분이 뛸 듯이 좋습니다. 제게 젊음을 다시 찾게 해 준 오가피를 꼭 여러분께도 권해드리고 싶습니다.

오가피 하면 가시오가피가 떠오르는데 이 둘의
차이점은 뭔가요?

A : 가시오가피는 오가피의 한 품종이지만 일반 오가피
에 비해 약효가 뛰어난 오가피로, 최근 우리나라에서 많이
재배되고 볼 수 있는 오가피입니다.

가시오가피는 이름대로 가시가 많이 나 있어 '가시가 달
린 만병통치약'이라는 뜻의 '칸토파낙스 센티코 수스'라
는 학명을 사용하고, 많은 국내 및 해외 연구기관의 실험에
의하면 일반 오가피에 비해 5~6배 이상 약효 성분이 뛰어
나다고 합니다.

또한 일반 오가피는 대량 재배에도 잘 적용하고 전국 어
디서나 잘 자라는 특성이 있지만, 가시오가피는 토양 특성,
햇빛 등 여러 생육 조건이 충족되지 못하면 제대로 성장하
지 못하는 만큼 귀한 식물입니다. 그래서 국내에서 법적으

로 자연적인 채취가 금지되어 있는 보호 식물이기도 하지요. 특히 가시오가피는 암과 노하의 원인이 되는 과산화지질 생성을 억제하는 강력한 항산화 성분이 많고, 그 밖에도 혈압을 내리는 강압 작용과 항종양, 항 알레르기, 항균 활성 등에서도 탁월한 효과를 보입니다.

### 오가피는 하루 몇 회, 몇 개월간 섭취해야 효과를 볼 수 있나요?

A : 오가피는 독성이 전혀 없어서 섭취량에는 큰 제한이 없습니다. 대체적으로 아침저녁으로 식전에 2회씩 섭취하는 것이 일반적이고, 자기 전에 섭취해도 좋습니다.

또한 모든 건강식품은 최소 3~6개월 이상 섭취해야 그 효능을 볼 수 있는 만큼 꾸준히 섭취하시는 것이 보다 효과적입니다.

### 다이어트를 하고 있는데요. 오가피가 도움이 된다고 하는데 사실인가요?

A : 네, 오가피는 체중 감소와 지구력 증가에 많은 도움이 됩니다. 중앙대에서 한 실험결과에 의하면 흰쥐에게 오가피를 두충과 함께 투여했더니 체중감소 효과가 최고 15%까지 나타났다고 합니다.

또한 오가피는 꾸준히 섭취하면 신진대사와 체내 기능을 향상시켜 지방이 축적되는 것을 막아 살이 찌지 않는 체질로 바뀔 수 있습니다.

오가피로 차를 마시고 싶은데, 그냥 물에 넣고 끓여서 마시면 되나요?

A : 여기서 오가피 차를 제대로 마시는 방법을 잠시 알려드리겠습니다. 오가피만 주전자에 넣고 보리차처럼 끓여도 좋지만, 두충과 황기를 각각 오가피의 절반과 4분의 1 분량으로 넣어주면 향도 맛도, 효능도 좀 더 좋아질 수 있습니다. 하루에 총 3회 각각 1회분을 끓여서 따뜻하게 마시는 것이 가장 효능이 좋지만, 번거롭다면 한꺼번에 끓여서 틈나는 대로 마셔도 괜찮습니다.

오가피 기능성식품을 먹고 있는데요. 섭취할 때 부작용
등 주의할 점이 있을까요?

A : 오가피는 모든 실험들에서 독성이 발견되지 않은, 그래서 장기섭취가 가능한 무독성 약재입니다. 따라서 오가피를 섭취할 때 딱히 주의할 점은 없지만 되도록 함께 먹는 음식도 건강에 좋은 식재들을 먹게 되면 더 좋은 효과를 볼 수 있습니다.

다만 오가피 술의 경우 몸에 좋다 하여 마음 놓고 폭음을 하는 경우가 있는데, 이는 오히려 건강을 망치는 결과를 가져오는 만큼, 오가피주는 하루에 한두 잔, 장기 섭취하도록 해야 합니다.

# 신비의 명약, 오가피의 힘

지금까지 우리는 오가피의 신기원을 거슬러 올라가 어째서 몇 백 년 전에 효능을 인정받았던 오가피가 현대 생활에서도 필요한지를 알아보았다. 실제로 오가피 연구의 종주국이라 할 수 있는 러시아의 경우 오가피의 재발견을 위해 1950년대부터 본격적으로 오가피 연구를 시작했고, 러시아 보건약사회에서는 오가피 뿌리의 액체 엑기스를 강장제로 사용하는 것을 승인 받아 1964년부터 대규모 생산에 박차를 가했다. 그리고 현재 중국과 북한은 물론, 가장 효능을 인정받고 있는 국산 오가피 시장도 나날이 성장하고 있다.

이는 오래 섭취하면 몸을 가볍게 하고 늙지 않게 한다는 오가피의 효능 자체도 그러하지만, 그 만큼 우리 식생활이나 주변 환경 등이 대체로 손상된 현대생활이 오가피와 같은 명약의 효능을 필요로 하는 시대라는 것을 의미한다. 이는 지금의 현대의학의 기술만으로는 분명히 해결할 수 없는 의학적 문제들이 속출하고, 찬란한 의학기술의 발전에도 불구하고 나날이 건강의 질이 낮아지는 데 그 원인이 있다고 할 것이다.

이런 상황에서 우리들의 몸의 가장 근본적인 부분을 보호하고 개선하며, 현대생활의 스트레스를 막아주는 오가피는 우리 선조들이 택한 최고의 명약이라 할 수 있을 것이며, 몇 백 년이 지난 지금도 우리의 건강을 지켜주는 가장 귀한 생명의 파수꾼이라고 할 것이다.

100세까지 건강하게 사는 삶 은 사실 누군가 주는 것이 아니다. 의학기술이 도와줄 수 없다면 건강을 미리 미리 지켜나가는 개인의 노력 또한 절실하게 필요하다. 그리고 오가피는 한 개인의 건강, 나아가 가족의 건강, 이 사회의 구성원의 건강을 담보하는 최고의 지킴이로서 앞으로 더 많은 각광을 받게 될 것이다.

2009년 9월 김진용

MEMO